ÉTUDES STATISTIQUES

SUR

LA POPULATION

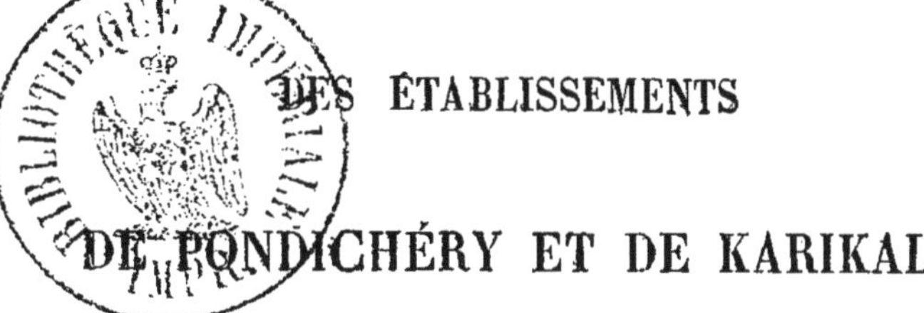

DES ÉTABLISSEMENTS

DE PONDICHÉRY ET DE KARIKAL

PAR M. LAUDE,
Président de la Cour impériale.

Anima plus est quam esca.
(St-MATHIEU).

PONDICHÉRY
IMPRIMERIE DU GOUVERNEMENT.
1868.

ÉTUDES STATISTIQUES

SUR

LA POPULATION

DES

ÉTABLISSEMENTS DE PONDICHÉRY ET DE KARIKAL

Le premier projet d'établir des registres de l'état-civil pour la population indoue, dans nos Etablissements de l'Inde, remonte à 1842. Le Gouvernement de la colonie, par son arrêté du 25 juin, décida que des registres pour les naissances, mariages et décès seraient ouverts dans les divers districts de Pondichéry, Karikal, etc. L'inscription sur ces registres n'était pas obligatoire. Cet essai ne fut pas couronné de succès ; la population ne se présenta pas aux bureaux de l'état-civil.

En 1854, le Gouvernement rendit obligatoire l'inscription des actes de naissance, de mariage et de décès. La crainte que l'on avait eu de froisser les Indous dans leurs coutumes et leurs usages religieux s'évanouit devant les sages précautions adoptées par l'Administration et devant le bon sens de la population. Les principales dispositions de l'arrêté du 10 juin sont les suivantes :

1° Des registres de l'état-civil seront tenus au chef-lieu de chaque district;

2° Les actes de naissance, de mariage et de décès seront inscrits dans un délai déterminé;

3° L'officier de l'état-civil n'est chargé que de recevoir les déclarations de mariage et non de procéder à la célébration. On respectait ainsi la liberté de conscience des Indous. Les ministres du mariage sont, pour les chrétiens, le prêtre catholique, pour les musulmans, le cazy et, pour les païens, les brahmes ou les pandarons.

L'empressement que mit la population à se conformer à cette législation nouvelle, montra que le Gouvernement ne s'était pas trompé sur sa soumission, sur son esprit, et sur l'intelligence qu'elle a de ses véritables intérêts.

Cette législation, fut modifiée, en 1855, par arrêté du 29 décembre, dans un sens plus pratique. Une difficulté que l'on n'avait pas prévue consistait dans la longueur des actes, dont la rédaction était semblable à celle suivie dans nos municipalités. Il fallait songer à obvier à cet inconvénient grave en trouvant un moyen plus simple, plus facile de rédiger les actes tout en conservant les points essentiels de la législation métropolitaine. L'arrêté modificatif de 1855 atteignit ce but en déterminant la forme extérieure des actes, lesquels sont tenus par colonnes indicatives des divers renseignements exigés. Ce mode simple a permis de concentrer, dans un cadre restreint, un grand nombre d'actes, et de rendre facile la tenue des registres.

Cette législation qui pourrait servir de modèle, fait le plus grand honneur au Gouvernement qui l'a conçue et édictée.

Les registres de l'état-civil sont très-bien tenus. Sur les 80,000 actes que nous avons examinés, nous n'avons pas relevé une contravention sur 1,000 actes. La seule observation critique que nous ayons à faire est que plusieurs registres sont en papier de mauvaise qualité et que les actes y sont écrits avec de l'encre qui blanchit et s'efface. Il suffira d'avoir appelé sur ce point l'attention de l'Administration pour être certain qu'elle y apportera un prompt remède.

Le but que nous nous sommes proposé, en relevant les actes de mariage et de décès de la population indienne des deux Etablissements de Pondichéry et de Karikal et les actes de naissance de l'Etablissement de Pondichéry, a été de nous assurer, par leur examen, de l'effet de la législation indoue sur les mœurs de ce pays, de rechercher si la mortalité précoce des habitants ne serait pas due à une organisation sociale vicieuse plus encore qu'à des causes physiques. L'étude des lois indoues nous a donné la conviction, justifiée par ces recherches statistiques, que la famille était organisée sur des principes erronés et que la précocité des mariages devait exercer une influence considérable sur la durée moyenne de la vie.

Nous avons été guidé par une autre pensée, celle d'examiner et de constater la corrélation qui existe entre les doctrines religieuses des hommes et la durée de leur existence.

Cette étude n'est pas pour nous sans intérêt ni sans portée pratique à cette époque où de désolantes doctrines matérialistes, cherchant à s'imposer comme l'expression de la sagesse humaine, nient les fins dernières de l'homme, aussi bien que son origine, et menacent, si elles prévalaient, de renverser la société civile. Nous sommes bien placé pour examiner l'influence que la religion exerce sur l'existence matérielle de l'homme. Le petit territoire de la colonie française de l'Inde est habité par une population appartenant à trois religions différentes : le christianisme, le brahmanisme, le mahométisme. Il nous a semblé que si, dans nos recherches, nous trouvions une différence dans la vie moyenne des diverses classes de la population, il faudrait nécessairement l'attribuer aux doctrines religieuses, car ces diverses classes sont soumises également aux mêmes influences physiques et climatériques.

Notre attente n'a pas été trompée et les tableaux qui vont suivre démontreront que la vie moyenne des chrétiens est plus élevée que celle des païens de 2 ans et 6 mois. Ce résultat est d'autant plus surprenant que la population chrétienne de l'Établissement de Pondichéry, appartenant à toutes les diverses castes, ne jouit pas d'un bien-être matériel plus grand que celui du reste de la population. Il faut donc attribuer cette différence dans la vie moyenne à la supériorité de la religion chrétienne sur les autres et à la sagesse des lois de l'Eglise qui règlent le mariage et la famille.

DIVISION DE CETTE STATISTIQUE.

Nous avons relevé les actes de décès 1° de la ville de Pondichéry, 2° du district de Pondichéry, 3° du district de Villenour, 4° du district de Bahour, pour la période de 1855 à 1867 inclusivement.

Nous avons, pour la ville et le district de Pondichéry, établi deux catégories dans la population : 1° Indous chrétiens, 2° Indous païens.

Nous avons éprouvé quelques difficultés à reconnaître si tels ou tels actes étaient relatifs à des chrétiens. Nous avons eu pour nous guider les notions que nous possédons de la langue du pays, à l'aide desquelles nous distinguions, par la signification des noms, la religion du décédé. Certains noms, tels que

Appassamy, Ponnoussamy, Appavou, Mouttoussamy, etc., sont communs aux chrétiens et aux païens. Lorsque nous avons rencontré des noms de cette sorte, nous avons recherché dans les noms des déclarants et des témoins à quelle religion pouvait appartenir le défunt et, dans l'incertitude, nous l'avons placé dans la colonne des païens (1). Ce détail montre que la plus grande bonne foi a présidé à notre travail et que nous n'avons pas chargé la liste mortuaire des chrétiens de chiffres élevés pour augmenter l'ensemble des années.

Nous n'avons pas établi de distinction pour les districts de Villenour et de Bahour. La raison de cette suppression est que la population des districts est composée, en général, de personnes pratiquant le paganisme et que la population chrétienne est principalement groupée dans le district de Pondichéry.

La population musulmane étant peu nombreuse, à Pondichéry, nous l'avons classée dans la population des Indous païens.

Nous donnerons les tableaux suivants :

1° Tableau des décès pour chacun des districts avec le nombre des années et la vie moyenne ;

2° Tableau des décès des enfants de 5 ans et au-dessous pour chacun des districts.

Nous donnerons ensuite les tableaux des mariages des païens, en indiquant les différences d'âge entre les époux, le nombre de mariages contractés par des filles ayant moins de 12 ans ou n'ayant même pas l'âge de raison, et enfin les mariages contractés par des hommes ayant moins de 16 ans. Une dernière partie comprendra, pour l'Etablissement de Pondichéry, le nombre des naissances légitimes, naturelles et même adultérines.

Toutes les classes de la population sont confondues dans ces derniers tableaux. Nous avions d'abord procédé de la manière suivie dans les précédents tableaux ; mais nous avons constaté que les diverses classes de la population, soit chrétienne, soit païenne, fournissaient, proportion gardée, le même nombre d'enfants naturels simples.

---

(1) Il serait utile, afin de faciliter les recherches ultérieures, d'insérer dans les actes la religion de la personne par ces seuls mots : *chrétien, gentil, musulman*.

PREMIÈRE PARTIE

MORTALITÉ.

La population de l'Établissement de Pondichéry est, d'après le relevé donné par l'*Annuaire* de 1867, de 117,000 habitants. Elle a diminué de 5,000 habitants depuis 1865. Le chiffre total des décès de 1855 à 1867, durant 13 années, est de 41,534. La moyenne par an est de 3,194.

Le rapport des décès à la population est de 3 o/o d'après le recensement de 1865 et de plus de 3 o/o sur celle du dernier recensement.

L'année 1866 est celle où la mortalité a été la plus grande; elle s'est élevée à 3,983 décès.

Ce résultat général prouve que l'Etablissement de Pondichéry est salubre et que nonobstant le choléra, qui y est endémique, la mortalité n'y dépasse pas les bornes ordinaires.

La mortalité pour la ville de Pondichéry s'est élevée, pour les 13 ans, à 14,481. Elle se décompose de la manière suivante entre les classes de la population.

INDOUS CHRÉTIENS. — MOYENNE GÉNÉRALE : 25 ANS.					INDOUS PAIENS. — MOYENNE GÉNÉRALE : 22 ANS 8 MOIS.			
Années.	Décès.	Total des années	Vie moyenne.		Décès.	Total des années.	Vie moyenne.	
			a.	m.			a.	m.
1855	108	2,791	25	10	769	17,599	22	10
1856	170	4,248	24	11	871	15,426	17	7
1857	156	4,326	27	8	980	22,902	23	4
1858	172	4,154	23	6	820	18,765	20	2
1859	198	5,411	27	3	900	21,217	23	6
1860	223	5,908	26	5	1,072	23,544	22	1
1861	192	5,370	27	11	958	22,412	23	4
1862	265	6,115	23	4	954	20,100	21	//
1863	199	4,039	20	3	908	20,859	22	11
1864	168	4,383	25	10	820	20,548	25	//
1865	216	5,713	26	5	774	19,444	25	//
1866	347	7,955	22	11	1,122	24,211	21	7
1867	271	6,626	24	5	748	20,468	27	2
TOTAUX	2,685	......	......		11,796			

La moyenne est, pour les chrétiens, de 25 ans.

La moyenne des païens de toutes castes de la ville de Pondichéry, est de 22 ans 8 mois. Celle des chrétiens étant de 25 ans, il existe en leur faveur une supériorité d'existence de 2 ans 4 mois.

Cette différence serait plus grande si l'on retranchait des tables mortuaires des chrétiens, un certain nombre d'enfants païens qui n'appartiennent à la population chrétienne que par le baptême qu'ils ont reçu au moment de la mort. Ces enfants, abandonnés par leurs parents dans les temps de disette, sont recueillis par les pieux missionnaires de notre ville qui leur prodiguent tous les soins que la charité peut inspirer. Ces malheureux enfants sont tellement affaiblis par la maladie et la misère qu'il faudrait un miracle pour les faire vivre. La mortalité sur eux est considérable; elle s'est élevée au chiffre de 100 pour la seule année 1866 et de 55 pour l'année 1867. On comprend dès lors que le nombre de ces enfants abaisse notoirement la moyenne de la vie de la population chrétienne.

Si l'on reportait au compte de la mortalité païenne les décès des enfants abandonnés, la moyenne diminuerait chez les païens et augmenterait chez les chrétiens. Nous prendrons pour exemple l'année 1867.

En reportant les 55 enfants abandonnés au compte de la mortalité païenne, on a le résultat suivant :

Ces enfants ont vécu 53 ans :

Païens, 803, ont vécu 20,521. Moyenne, 25 ans 6 mois, au lieu de 27 ans 2 mois.

Chrétiens, 216 ont vécu 6,573. Moyenne, 30 ans, au lieu de 24 ans 5 mois.

S'il était possible de faire le même calcul pour toutes les années, nous avons la certitude que la vie moyenne des chrétiens serait d'un sixième plus élevée que celle des païens.

La vie moyenne des classes réunies de la ville de Pondichéry, est de 23 ans 7 mois.

District de Pondichéry.

Le tableau suivant reproduit, pour le district de Pondichéry, les mêmes renseignements que nous avons donnés pour la ville de Pondichéry.

	CHRÉTIENS.				PAÏENS.			
Années.	Décès.	Total des années.	Moyenne A.	Moyenne M.	Décès.	Total des années.	Moyenne. A.	Moyenne. M.
1855	177	4,410	24	11	990	18,420	18	7
1856	56	1,131	20	2	511	9,822	19	3
1857	89	1,946	21	10	709	12,479	17	7
1858	76	1,342	17	7	662	12,512	18	7
1859	194	4,376	22	//	669	10,872	16	2
1860	148	3,961	24	3	917	19,004	20	8
1861	94	2,709	28	7	678	13,281	18	1
1862	77	1,726	22	5	661	13,535	20	6
1863	95	1,654	17	5	849	15,770	18	6
1864	105	2,045	18	9	817	16,234	19	9
1865	90	1,966	21	7	632	11,425	18	1
1866	152	3,155	20	9	916	19,993	21	9
1867	109	3,123	29	4	548	12,667	23	1
TOTAUX	1,462	......	......		9,559			

La vie moyenne des chrétiens, dans le district de Pondichéry, durant la période de 1855 à 1867, a été de 22 ans 4 mois.

La vie moyenne des païens de toutes castes, durant le même temps, a été de 19 ans 2 mois.

Différence en faveur des chrétiens : 3 ans 2 mois.

Si l'on recherche la vie moyenne des Indiens païens de la ville et du district de Pondichéry, on a une moyenne de 20 ans 11 mois.

La vie moyenne des chrétiens de la ville et du district de Pondichéry est de 23 ans 8 mois. La différence en leur faveur est de 2 ans 8 mois.

Le total des décès de la population païenne durant les 13 années, de 1855 à 1868, s'élève à 21,355.

Le total des décès des chrétiens s'élève à 4,147,

Total des deux classes de la population : 25,502.

District de Villenour.

ANNÉES.	DÉCÈS.	TOTAL des années.	MOYENNE.	
1855	472	11,472	24 A.	1 M.
1856	561	11,409	20	4
1857	924	18,461	19	11
1858	718	14,706	20	6
1859	737	15,387	20	10
1860	875	16,975	19	6
1861	727	14,666	20	2
1862	694	15,191	21	9
1863	867	17,350	20	//
1864	959	18,001	18	9
1865	593	13,686	22	10
1866	842	21,493	25	8
1867	611	14,988	24	6
TOTAL......	9,108			

La vie moyenne est de 21 ans 3 mois. Elle est supérieure à celle des païens et inférieure à celle des chrétiens du district de Pondichéry.

District de Bahour.

ANNÉES.	DÉCÈS.	TOTAL des années.	MOYENNE.	
1855	197	3,818	19 A.	3 M.
1856	590	10,084	17	1
1857	525	10,961	19	2
1858	478	9,642	20	2
1859	797	17,773	22	3
1860	562	13,438	22	1
1861	448	9,591	21	4
1862	437	10,635	24	4
1863	595	13,016	21	10
1864	613	11,952	19	7
1865	487	10,701	21	11
1866	696	16,909	24	3
1867	489	12,404	25	4
TOTAL......	6,924			

La vie moyenne est de 21 ans 5 mois. Elle est plus élevée que celle des Indiens des districts de Pondichéry et de Villenour.

La vie moyenne de la population païenne des quatre districts de Pondichéry, durant 13 années, est de : ville de Pondichéry, 22 ans 8 mois ; Bahour, 21 ans 5 mois ; Villenour, 21 ans 4 mois ; district de Pondichéry, 19 ans 1 mois.

La vie moyenne pour les Indiens païens de l'Etablissement de Pondichéry est de 21 ans 2 mois. Celle des chrétiens est de 23 ans 8 mois. Différence en faveur de ceux-ci, 2 ans 6 mois.

La vie moyenne est, pour toute la population native, de 22 ans 5 mois.

Le total des décès de l'Etablissement de Pondichéry, de 1855 à 1867 inclus, s'élève à 41,534.

Mortalité des enfants au-dessous de 5 ans. — Ville de Pondichéry.

CHRÉTIENS.			PAÏENS.		OBSERVATIONS.
Années.	Décès.	De 0 à 5 ans.	Décès.	De 0 à 5 ans.	
1855	108	48	769	324	La proportion est, pour les chrétiens, de 42 0/0 ; pour les païens de 45 0/0. Différence en faveur des chrétiens 3 0/0.
1856	170	75	871	421	
1857	156	56	982	381	
1858	172	71	820	355	
1859	198	71	900	396	
1860	223	97	1,072	488	
1861	192	67	958	391	
1862	265	140	954	453	
1863	199	102	908	440	
1864	168	86	820	430	
1865	216	95	774	322	
1866	347	73	1,122	407	
1867	271	127	748	316	
TOTAUX	2,685	1,107	11,796	5,124	

District de Pondichéry.

	CHRÉTIENS.		PAÏENS.	
Années.	Décès.	De o à 5 ans inclus.	Décès.	De o à 5 ans inclus.
1855	177	78	990	510
1856	56	23	511	287
1857	89	46	709	370
1858	76	45	662	370
1859	194	69	669	396
1860	148	54	917	529
1861	94	39	678	365
1862	77	39	661	346
1863	95	50	849	464
1864	105	52	817	452
1865	90	44	632	357
1866	152	71	916	409
1867	109	34	548	279
TOTAUX. .	1,461	643	9,559	5,134

La mortalité sur les enfants chrétiens a été, pour les districts de Pondichéry, de 46 o/o.

Pour les enfants païens, elle a été de 54 o/o.

La mortalité totale sur les enfants de la ville et du district de Pondichéry, a été :

Pour les chrétiens, de 44 o/o des décès ;

Pour les païens de toutes classes, de 49 o/o.

Cette mortalité effrayante provient des préjugés, de l'ignorance, de la négligence des parents et des mestrys ou médecins indiens (1) et surtout de la précocité des mariages.

(1) Nous ne comprenons pas dans cette catégorie les élèves médecins de l'hôpital qui rendent d'utiles services à la population.

Districts de Villenour et de Bahour.

	VILLENOUR.		BAHOUR.	
Années.	Décès.	De 0 à 5 ans inclus.	Décès.	De 0 à 5 ans inclus.
1855	472	186	197	106
1856	561	287	590	352
1857	924	389	525	267
1858	718	376	478	258
1859	727	389	797	349
1860	875	495	562	280
1861	727	379	448	220
1862	694	279	437	191
1863	867	455	595	268
1864	959	529	613	325
1865	593	300	447	267
1866	842	349	696	299
1867	611	309	489	216
TOTAUX.	9,698	4,536	6,904	3,292

La moyenne, pour Villenour, est de 50 o/o.

La moyenne totale est, pour les chrétiens, de 44 o/o.

La moyenne totale, pour les païens, est de 49.9.

Différence en faveur des chrétiens 5.9.

La moyenne totale, en y comprenant les chrétiens, est de 47 o/o des décès.

Le total des enfants décédés, depuis l'âge de 5 ans et au-dessous, s'élève, pour ces 13 années, à 19,836.

Ne serait-il pas possible de diminuer cette mortalité anormale qui pèse sur les enfants au-dessous de 5 ans? Les causes tenant surtout aux lois et à la religion, il est difficile au Gouvernement, qui doit respecter les mœurs, us et coutumes des Indous de toute classe, d'introduire des réformes utiles dans la législation. L'Administration actuelle, par ses efforts à répandre l'instruction dans les diverses castes de la population, a rendu à cette colonie un immense service. Il faut espérer que la diffusion des lumières aura pour résultat de changer les mœurs, de déraciner les préjugés, de corriger les vices qui pèsent sourtout sur les classes inférieures de la population indoue.

Nous ne devons pas omettre les exemples de longévité chez les Indous durant cette période.

Centenaires.

1857. Une femme de caste vanouva.
1858. Trois centenaires : un paria chrétien, un homme de caste nattamane et une femme souraire.
1860. Une femme paria chrétienne âgée de 105 ans; une femme de caste cavaré âgée de 105 ans.
1861. Deux centenaires : une femme vellaja et une femme mahratte.
1862. Un homme de caste vannia chrétien âgé de 107 ans.
1864. Un Musulman.
1865. Une femme nattamane.
1866. Deux centenaires.
Deux dans les districts de Bahour et de Villenour.
Total des centenaires : 15.

DEUXIÈME PARTIE

MARIAGE.

L'organisation du mariage dans les lois indoues se rattache aux principes qui déterminent les pouvoirs du père de famille. La loi se préoccupe peu du consentement des époux qui, cependant, est la base du contrat de mariage.

Le droit et le devoir de choisir un mari à une fille incombent au père de famille et, à son défaut, au grand père paternel, au frère aîné, à l'oncle paternel, aux cousins mâles paternels et, à leur défaut, à la mère.

La loi détermine à 8 ans l'âge du mariage, pour les filles. Elles peuvent toutefois être données en mariage, à partir de l'âge de deux ans, jusqu'à ce qu'elles aient atteint l'âge de la puberté. Une fille qui n'aurait pas été mariée dans les trois ans qui suivent sa huitième année, peut, à son gré, se choisir un époux.

L'âge du mariage est fixé, pour les hommes, selon les castes auxquelles ils appartiennent. Pour les brahmes, les kshatryas et les vaysias, l'âge compétent pour le mariage commence à la fin de leurs études (1). Quant aux soudras, la loi n'établit pas de fixation pour l'âge.

Il est interdit aux veuves de se remarier.

Les hommes peuvent, dans certaines circonstances prévues par la loi ou en obtenant le consentement de leur première femme, contracter un second mariage durant l'existence du premier.

L'épouse reste dans sa famille naturelle jusqu'à l'âge de la puberté. Elle est ensuite conduite chez son mari.

La puberté pour les filles a lieu dans la onzième ou la douzième année.

Il est certain que la fille qui atteint l'âge de la puberté n'a pas acquis tout son développement physique. Si, par la puberté, elle est apte à devenir mère, elle n'a pas encore les forces suffisantes pour supporter le fardeau de la maternité. Est-il étonnant dès lors qu'elle donne naissance à des enfants chétifs et peu viables ?

D'un autre côté, il ne suffit pas, pour être mère, d'en avoir l'aptitude physique; il est nécessaire de comprendre

---

(1) Vers la seizième année.

tous les devoirs qu'impose la maternité. Peut-on raisonnablement croire qu'un enfant qui n'a pas encore franchi les limites de l'adolescence, ait l'esprit et le cœur assez formés pour comprendre et pratiquer les devoirs de la mère de famille ?

Les tableaux que nous allons donner feront saisir au vif les vices de la législation indoue sur ce point le plus important des lois, car il est la base de la famille.

Le mariage chrétien réunit, au contraire, les doubles conditions d'aptitude physique et morale qui manquent dans le mariage indou. Les filles ne peuvent être données en mariage avant l'âge de 12 ans, et il est utile d'observer que les mariages sont rares à cet âge. Dès lors, la fille peut donner un consentement valable ; elle a acquis, lorsqu'elle entre sous le toit conjugal, son développement physique et l'instruction religieuse qu'elle a reçue l'a pénétrée de ses devoirs.

C'est là ce qui explique la différence notable qui existe dans la mortalité des enfants appartenant aux deux classes de la population ; on ne peut, en effet, l'attribuer à des causes physiques communes à tous.

Ville de Pondichéry. (Mariages : 2,681).

ANNÉES.	FILLES de 12 ans et au-dessous.	FILLES au-dessous de l'âge de raison.	HOMMES de 16 ans et au-dessous.	OBSERVATIONS.
1857	132	7	18	4 o/o de filles au-dessous de l'âge de raison. Hommes de 16 ans et au-dessous, 7 o/o. Près de la moitié des filles mariées au-dessous de 12 ans.
1858	98	5	11	
1859	149	10	20	
1860	146	18	20	
1861	147	8	20	
1862	104	12	13	
1863	92	6	10	
1864	77	10	17	
1865	86	8	18	
1866	80	4	14	
1867	117	11	17	
TOTAUX	1,228	99	178	

Sur 10,324 mariages dans l'Etablissement de Pondichéry, il y a 5,686 mariages de filles ayant 12 ans et au-dessous et 783 mariages de filles n'ayant pas l'âge de raison.

Pondichéry. — Différence d'âge entre les époux gentils (de 1857 à 1867).

Les chiffres de la première colonne indiquent la différence qui existe entre l'âge du mari et celui de la femme; ceux de la deuxième colonne indiquent le nombre des mariages.

ANS.	MARIAGES.	ANS.	MARIAGES.	ANS.	MARIAGES.	OBSERVATIONS.
53	1	28	12	13	145	Une femme plus âgée que son mari de 2 ans.
42	2	27	15	12	184	NOTA. — 1/5 des mariages les maris ont plus de 16 ans que leurs femmes.
41	2	26	13	11	168	Plus des 3/5 ont plus de 10 ans.
40	0	25	21	10	289	
39	4	24	27	9	200	
38	0	23	33	8	257	
37	2	22	34	7	193	
36	3	21	21	6	152	
35	5	20	45	5	113	
34	1	19	47	4	70	
33	3	18	64	3	32	
32	6	17	66	2	24	
31	2	16	74	1	5	
30	13	15	103	0	1	
29	7	14	124			

District de Pondichéry. (Mariages : 2,437).

ANNÉES.	FILLES de 12 ans et au-dessous	FILLES n'ayan pas l'âge de raison	HOMMES de 16 ans et au-dessous	OBSERVATIONS.
1857	166	30	35	8 p. o/o de filles au-dessous de l'âge de raison.
1858	57	6	5	Hommes de 16 ans et au-dessous, 7 o/o.
1859	150	25	24	
1860	225	24	47	
1861	169	24	25	
1862	142	14	16	
1863	113	26	19	
1864	59	2	7	
1865	101	16	12	
1866	51	7	7	
1867	183	16	16	
TOTAUX	1,416	190	213	

District de Pondichéry. — Différence d'âge entre les époux gentils (de 1857 à 1867).

ANS.	MARI-AGES.	ANS.	MARI-AGES.	ANS.	MARI-AGES.	OBSERVATIONS.
43	1	25	17	12	170	2,437 mariages. 1/9 au-dessus de 16 ans.
40	1	24	13	11	105	
36	1	23	11	10	460	
35	1	22	17	9	147	
34	2	21	14	8	288	
33	4	20	45	7	152	
32	4	19	21	6	120	
31	5	18	57	5	140	
30	7	17	52	4	46	
29	7	16	39	3	14	
28	7	15	137	2	15	
27	7	14	91	1	2	
26	17	13	169	0	2	

Villenour. (Mariages : 3,053.)

ANNÉES	FILLES de 12 ans et au-dessous	FILLES n'ayant pas l'âge de raison.	HOMMES de 16 ans et au-dessous.	OBSERVATIONS.
1857	238	38	57	9 0/0 de filles au-dessous de l'âge de raison.
1858	51	10	8	
1859	176	19	23	
1860	208	45	41	
1861	130	18	25	
1862	249	30	42	
1863	187	31	42	
1864	70	11	9	
1865	247	33	33	
1866 et 1867	229	28	31	
TOTAUX	1,785	263	311	

Villenour. — Différence d'âge entre les époux païens (de 1857 à 1867 inclus).

ANS.	MARIAGES.	ANS.	MARIAGES.	ANS.	MARIAGES.	OBSERVATIONS.
39	1	26	13	13	192	3,053 mariages.
38	1	25	15	12	205	NOTA. Plus du 1/6 et moins de 1/7 ont 16 ans plus que les femmes.
37	1	24	14	11	161	Un peu plus des 2/5 âgés de plus de 10 ans.
36	3	23	22	10	486	
35	5	22	26	9	190	
34	3	21	18	8	333	
33	4	20	63	7	178	
32	6	19	30	6	185	
31	4	18	80	5	167	
30	12	17	56	4	78	
29	4	16	88	3	25	
28	4	15	170	2	21	
27	10	14	106	1	1	

(*Bahour*. (*Mariages* : 2,147).

ANNÉES.	FILLES de 12 ans et au-dessous	FILLES n'ayant pas l'âge de raison.	HOMMES de 16 ans et au-dessous	OBSERVATIONS.
1857	161	21	30	11 o/o de filles au-dessous de l'âge de raison.
1858	25	1	3	Hommes de 16 ans et au-dessous, 12 o/o.
1859	111	21	32	
1860	154	27	36	
1861	193	46	47	
1862	135	28	23	
1863	99	16	20	
1864	50	7	6	
1865	157	36	35	
1866 et 1867	172	28	31	
TOTAUX.	1,257	231	263	

Bahour. — Différence d'âge entre les époux (de 1857 à 1867.)

ANS.	MARIAGES.	ANS.	MARIAGES.	ANS.	MARIAGES.	OBSERVATIONS.
45	1	24	8	10	358	2,147 mariages.
36	1	23	13	9	140	NOTA. 1/7 ont 16 ans plus que les femmes.
35	2	22	15	8	243	1/3 ont plus de 10 ans.
34	1	21	11	7	177	
33	1	20	40	6	127	
32	1	19	25	5	117	
31	2	18	35	4	55	
30	7	17	44	3	15	
29	4	16	40	2	16	
28	7	15	124	1	1	
27	5	14	79	0	5	
26	7	13	110			
25	19	11	98			

Bigamie.

ANNÉES.	VILLE de Pondichéry.	DISTRICT de Pondichéry.	BAHOUR.	VILLENOUR.
1856	4	//	//	//
1857	3	1	1	//
1858	5	3	1	//
1859	3	1	1	4
1860	8	3	1	//
1861	5	4	1	6
1862	5	3	//	4
1863	6	6	//	//
1864	4	1	1	1
1865	5	1	3	//
1866	3	2	//	//
1867	3	1	//	5
TOTAUX	54	26	9	20

TROISIÈME PARTIE

NAISSANCES.

La statistique des naissances légitimes et naturelles dans l'Etablissement de Pondichéry, durant la période de 1856 à 1867, montrera le triste état de la moralité publique dans cette partie de notre territoire.

	VILLE DE PONDICHÉRY.		DISTRICT DE PONDICHÉRY.	
Années.	Enfants légitimes.	Enfants naturels.	Enfants légitimes.	Enfants naturels.
1856	992	120	948	52
1857	973	129	1,186	62
1858	923	119	1,071	77
1859	935	120	1,030	74
1860	843	129	1,239	64
1861	841	120	1,081	51
1862	801	118	1,084	64
1863	921	120	1,085	79
1864	837	146	967	74
1865	742	249	1,157	219
1866	879	104	1,094	211
1867	851	52	752	58
TOTAUX...	10,638	1,526	12,694	1,085

Nous pourrions, à ce tableau des enfants légitimes et naturels, ajouter que, parmi ces derniers, plus d'un quart sont des enfants manifestement adultérins, déclarés tels et inscrits comme tels sur les registres de l'état-civil.

Le rapport des naissances-adultérines aux mariages est, à Pondichéry, de 16 o/o et, dans le district, de 7 o/o.

	VILLENOUR.		BAHOUR.	
Années.	Enfants légitimes.	Enfants naturels.	Enfants légitimes.	Enfants naturels.
1856	799	71	714	56
1857	1,067	100	781	23
1858	846	75	730	40
1859	991	94	721	49
1860	1,167	100	791	51
1861	1,006	100	719	36
1862	914	81	628	40
1863	1,033	124	713	52
1864	1,050	77	700	56
1865	920	100	730	70
1866	856	80	714	59
1867	745	67	568	47
Totaux.	11,400	1,079	8,509	639

Le nombre des naissances légitimes durant ces douze années a été, pour l'Etablissement de Pondichéry, de 43,241.

Le nombre des naissances illégitimes a été, durant le même temps, de 4,329.

Rapport des naissances illégitimes aux naissances légitimes, 10 0/0.

La ville de Pondichéry a fourni le plus grand nombre de naissances illégitimes, près de 15 0/0.

Le district qui en a fourni le moins est celui de Bahour, 7 0/0.

La plupart des naissances illégitimes se rencontrent dans les classes les plus pauvres de la population.

Le nombre total des naissances, pour l'Etablissement de Pondichéry, a été de 47,570.

Le nombre des décès, durant le même temps, a été de 39,179.

Excédant des naissances sur les décès, 8,391.

QUATRIÈME PARTIE

KARIKAL ET SES MAGANOMS.

MORTALITÉ.

Les recherches que nous avions faites sur les registres de l'état-civil de Pondichéry, nous ont inspiré le désir d'en opérer de semblables sur ceux de l'Établissement de Karikal. Ces recherches ont été faites sous la direction de M. le juge impérial Chambounaud. Le caractère de ce magistrat, son intelligence bien connue, sont de sûrs garants que ces recherches ont été opérées avec la plus entière loyauté. Elles doivent dès lors inspirer toute confiance.

L'Établissement de Karikal est divisé, quant à la tenue des registres de l'état-civil, en trois mâgânoms ou districts : 1° Karikal ; 2° la Grande-aldée ; 3° Nédouncadou.

La statistique porte sur les trois classes de la population, pour le district de Karikal : chrétiens, musulmans et gentils. La population musulmane des deux autres districts étant peu importante, nous ne l'avons pas comprise dans les tableaux que nous donnons.

La population chrétienne de l'Établissement de Karikal n'est pas riche. Si l'on en excepte quelques grands propriétaires, la majeure partie de cette population se compose de personnes appartenant aux classes les plus pauvres du pays. Les musulmans constituent la classe la plus riche ; ils concentrent dans leurs mains le principal commerce de Karikal, celui des riz qui se fait avec Ceylan et la Côte Est du golfe du Bengale. Les gentils sont propriétaires du sol et s'adonnent à la culture.

Ville de Karikal.

	CHRÉTIENS.			GENTILS.			MUSULMANS.		
Années.	Décès.	Total des âges.	Moyenne.	Décès.	Total des âges.	Moyenne.	Décès.	Total des âges.	Moyenne.
1856	144	3,854	26.9	406	10,473	25.10	169	4,199	24 10
1857	120	3,534	29.5	455	11,585	25.5	150	3,687	21 2
1858	127	3,739	29.5	444	12,858	28.11	183	5,056	22 0
1859	110	3,051	27.8	553	15,105	27.3	187	4,177	22 4
1860	73	1,828	25.0	425	11,825	27.9	172	3,989	23 2
1861	141	3,905	27.8	454	11,549	25.5	165	3,470	21 0
1862	137	3,258	23.9	367	7.850	21.4	176	3,878	22 0
1863	135	2,954	21.10	402	10,455	25.10	181	4,572	25 0
1864	105	1,967	18.7	437	11,422	26.0	208	4,780	22 11
1865	128	3,100	25.8	379	7,657	20.0	220	4,573	20 2
1866	114	3,348	29.4	456	12,358	27.1	174	4,496	25 10
TOTAUX	1.334	.....	.....	4,773	.....	.....	1,985	.....	

Vie moyenne des chrétiens, 25 ans 10 mois; des gentils, 25 ans 5 mois; des musulmans, 22 ans 8 mois.

Vie moyenne des gentils et des musulmans, 24 ans.

La vie moyenne des chrétiens excède la vie moyenne des autres classes de 1 an et 10 mois.

Grande-Aldée.

	CHRÉTIENS.			GENTILS.		
Années.	Décès.	Total des âges.	Moyennes.	Décès.	Total des âges	Moyennes.
1856	43	1,022	23.9	440	12,689	28.10
1857	67	1,901	28.4	537	13,877	25.10
1858	134	3,952	29.6	668	17,583	26.3
1859	114	2,975	22.0	629	16,707	26.5
1860	121	3,411	28.2	639	16,241	25.4
1861	90	2,502	27.9	562	15,160	26.11
1862	101	1,927	19.0	493	8,646	17.6
1863	118	3,252	27.7	577	13,925	24.3
1864	161	3,512	21.9	766	18,255	24.0
1865	104	3,099	29.9	542	15,399	28.5
1866	95	2,881	30.4	725	20,154	27.9
TOTAUX	1,148	......	....	6,572		

La vie moyenne des chrétiens est de 26 ans 1 mois. Celle des gentils est de 25 ans 5 mois. Différence en faveur des chrétiens, 8 mois. Nous ne donnons pas de tableau par année des décès des musulmans. Ils se sont élevés, pour ces 11 années au total de 672, laissant pour chacun une vie moyenne de 27 ans.

Nédouncadou.

	CHRÉTIENS.			GENTILS.		
Années.	Décès.	Total des âges.	Moyennes.	Décès.	Total des âges.	Moyennes.
1856	70	1,797	25.8	269	5,476	20.4
1857	106	2,950	27.8	318	8,964	28.0
1858	74	2,245	30.2	306	8,849	28.7
1859	104	2,682	25.8	393	11,008	28.0
1860	86	2,659	30.11	246	7,284	29.7
1861	84	2,144	25.6	285	7,169	25.1
1862	109	2,062	19.0	324	7,519	23.1
1863	114	2,273	19.11	320	6,932	21.7
1864	108	2,382	22.0	288	5,662	19.7
1865	103	3,483	33.9	324	10,333	31.10
1866	126	3,440	27.2	360	8,764	24.4
TOTAUX	1,084	......	....	3,433		

La vie moyenne des chrétiens est de 26 ans 1 mois

Celle des gentils est de 25 ans 5 mois.

Différence en faveur des chrétiens, 8 mois.

La vie moyenne des chrétiens de tout l'Établissement de Karikal est de 26 ans 4 mois.

La vie moyenne des autres classes de la population est de 24 ans 11 mois.

Différence en faveur des chrétiens, 1 an 1 mois.

La vie moyenne des Indiens de toutes classes de l'Etablissement de Karikal est de 26 ans 7 mois.

Elle est plus élevée que la vie moyenne dans l'Établissement de Pondichéry de 3 ans et 5 mois. Cette différence doit provenir d'abord d'influences physiques que nous ne connaissons pas, mais surtout de cette cause qui nous parait prédominante, à savoir que l'âge moyen du mariage des femmes est notamment plus élevé qu'à Pondichéry. Sous ce rapport, les gentils se rapprochent des idées chrétiennes.

La vie moyenne des chrétiens des deux Établissements de Pondichéry et de Karikal est de 24 ans 9 mois. Celle des gentils est de 22 ans 11 mois. Différence en faveur des chrétiens, 1 an 10 mois.

Décès des gentils........................ 16,763
Décès des chrétiens........................ 3,566

Totalité des décès de l'Établissement de Karikal 20,329
Total des deux Établissements :
Païens.............................. 58,150
Chrétiens.............................. 7,613

Total général........... 65,763

La mortalité sur les enfants de 5 ans et au-dessous s'est élevée, pour les deux Etablissements, à 25,130.

Elle est moins forte à Karikal qu'à Pondichéry.

Mortalité des enfants au-dessous de 5 ans.

KARIKAL.			GRANDE-ALDÉE.		NÉDOUNCADOU.	
Années.	Chrétiens.	Gentils.	Chrétiens	Gentils.	Chrétiens	Gentils.
1856	42	124	10	85	22	79
1857	40	160	17	156	33	86
1858	35	124	33	176	26	67
1859	25	161	42	180	32	80
1860	21	111	32	179	23	59
1861	44	129	22	166	25	84
1862	51	136	42	202	48	101
1863	54	128	37	203	45	108
1864	41	112	65	217	42	90
1865	45	95	30	123	18	68
1866	40	145	26	184	39	113
TOTAUX	448	1,431	356	1,871	353	835

Total des décès des enfants gentils........ 4,137
Chrétiens.............................. 1,157

Total général... 5,294

Total des décès durant les 11 années, 20,329.

MARIAGES.

Il est inutile de revenir sur ce que nous avons dit au sujet du mariage des Indous. Les tableaux suivants démontreront que chez les païens de l'Etablissement de Karikal, les mariages sont célébrés à un âge plus propice qu'ils ne le sont dans l'Etablissement de Pondichéry. Le nombre des mariages célébrés au-dessous de 12 ans pour les femmes est moins élevé qu'à Pondichéry et, comme conséquence, la moyenne de l'âge de la femme et de l'homme se rapproche des règles établies sur ce point par l'Eglise et par nos lois civiles. Il n'est pas surprenant dès-lors que la vie moyenne soit, à Karikal, plus élevée qu'à Pondichéry.

Karikal. — (De 1856 à 1866 inclus). — Mariages, 1,169.

ANNÉES.	FILLES au-dessous de 12 ans.	FILLES au-dessous de l'âge de raison.	HOMMES au-dessous de 16 ans.
1856	17	2	7
1857	42	7	31
1858	28	5	28
1859	25	4	17
1860	27	5	28
1861	26	5	20
1862	19	2	21
1863	24	3	19
1864	12	0	8
1865	16	3	15
1866	26	2	34
TOTAUX..	162	38	228

Sur 1,169 mariages célébrés dans le district de Karikal, on compte 262 mariages de filles âgées de moins de 12 ans. C'est le quart des mariages, tandis qu'à Pondichéry les mariages des filles au-dessous de 12 ans atteignent près de la moitié.

Grande-aldée. — *(Mariages, 1,183).*

ANNÉES.	FILLES au-dessous de 12 ans.	FILLES au-dessous de l'âge de raison.		GARÇONS de 16 ans et au-dessous
1856	60	17	5 p. o/o.	81
1857	47	4		33
1858	53	5		49
1859	56	5		51
1860	51	8		52
1861	73	13		70
1862	33	7		33
1863	41	7		36
1864	41	10		59
1865	36	7		44
1866	32	5		39
TOTAUX.	483	88		547

NOTA.— 1859: un mariage d'un garçon de 4 ans avec une fille d'un an; un de 7 ans avec une fille de 3 ans; un de 5 ans avec une fille d'un an.

1857 : un garçon de 3 ans marié à une fille de 2 ans.

1858 : un garçon de 8 ans marié à une fille d'un an.

1860 : un garçon de 8 ans marié à une fille d'un an.

1861 : un garçon de 3 ans marié à une fille d'un an; un garçon de 9 ans marié à une fille de 2 ans; un garçon de 8 ans marié à une fille de 2 ans; un garçon de 7 ans marié à une fille d'un an.

1862 : un garçon de 9 ans épouse une fille d'un an.

1863 : un garçon de 4 ans marié à une fille d'un an.

1865 : un garçon de 8 ans marié à une fille d'un an.

Le nombre des mariages des filles âgées de moins de 12 ans est de 483 sur 1,833 mariages, c'est-à-dire un peu plus d'un quart, 27 o/o.

On trouve 9 filles mariées à l'âge d'un an avec des garçons âgés de 4, 5, 6 ans; 5 filles mariées à l'âge de 2 ans et 4 mariées à l'âge de 3 ans.

Il est difficile de pousser plus loin le mépris des lois les plus essentielles du mariage.

Nédouncadou. — (*Mariages*, 1,165).

ANNÉES.	FILLES de 12 ans	FILLES au-dessous de l'âge de raison.	HOMMES de 16 ans et au-dessous.
1856	20	2	31
1857	21	2	12
1858	29	4	32
1859	26	6	38
1860	15	1	28
1861	31	5	38
1862	24	4	24
1863	18	1	19
1864	23	4	32
1865	24	1	24
1866	28	3	37
TOTAUX..	259	33	315

NOTA 1859: un garçon de 4 ans marié à une fille d'un an.
1863: un garçon de 7 ans marié à une fille d'un an.

Le nombre des filles mariées au-dessous de 12 ans est de 259, moins du quart des mariages.

La moyenne générale de l'âge des hommes est de 20 ans 2 mois.

La moyenne générale de l'âge des femmes est de 13 ans 11 mois.

Les Indous païens célèbrent leurs mariages en avril, mai, juin, juillet, août et septembre. Les deux mois qui donnent le plus grand nombre de célébrations sont juin et juillet. Il est rare que des mariages soient célébrés dans d'autres mois de l'année.

Nous sommes arrivés à la fin de ce pénible travail. Les faits que nous avons recueillis ont établi ce que nous avons recherché, l'incontestable influence des doctrines religieuses sur la vie de l'homme et la supériorité de la religion chrétienne envisagée seulement dans ses bienfaits sociaux, sur les autres religions.

APPENDICE

Mortalité par mois. — Ville de Pondichéry.

ANNÉES	DÉCÈS.	MOYENNE mensuelle.	JANVIER.	FÉVRIER.	MARS.	AVRIL.	MAI.	JUIN.	JUILLET.	AOUT	SEPTEMBRE.	OCTOBRE.	NOVEMBRE.	DÉCEMBRE.
1857	1,138	94	74	115	246	85	48	76	77	145	166	82	73	89
1858	992	82	115	105	78	68	84	92	67	83	71	72	66	85
1859	1,108	92	148	141	85	62	98	93	82	73	66	61	90	93
1860	1,309	109	113	99	72	88	84	61	110	112	188	112	93	191
1861	1,150	96	180	56	84	70	75	69	74	81	86	85	128	140
1862	1,219	101	117	143	146	102	88	81	82	108	95	75	82	94
1863	1,107	92	145	93	130	80	101	77	68	71	81	77	93	40
1864	1,089	90	165	111	108	78	99	80	80	88	83	72	79	64
1865	989	82	91	87	112	91	88	78	81	76	83	78	95	56
1866	1,377	115	76	87	81	61	67	61	107	282	233	96	108	90
TOTAUX	......	......	1,224	1,067	1,142	785	832	768	828	1,119	1,152	810	907	942

La moyenne annuelle des décès est de 1164. Les années qui n'ont pas atteint cette moyenne sont : 1857, 1858, 1859, 1861, 1863, 1864, 1865.

Les mois dans lesquels le nombre des décès excède la moyenne qui est de 96 sont : janvier, septembre, août, février, mars.

Les mois qui ont eu un chiffre de décès au-dessous de la moyenne sont : décembre, novembre, mai, juillet, octobre, avril, juin.

Les épidémies cholériques ont lieu en août, septembre, octobre, novembre, décembre, janvier, février et mars.

Les mois qui paraissent jouir d'une immunité contre ce fléau sont les plus chauds de l'année, avril, mai, juin, juillet.

District de Pondichéry.

ANNÉES.	DÉCÈS.	MOYENNE mensuelle.	JANVIER.	FÉVRIER.	MARS.	AVRIL.	MAI.	JUIN.	JUILLET.	AOUT.	SEPTEMBRE.	OCTOBRE.	NOVEMBRE.	DÉCEMBRE.
1857	798	66	69	108	60	46	47	51	41	93	55	55	60	68
1858	738	69	66	53	59	49	57	67	47	24	50	49	58	76
1859	863	71	98	78	49	48	50	57	52	50	54	35	52	52
1860	1,115	92	93	59	72	56	55	64	57	110	126	86	115	73
1861	772	64	70	53	48	54	38	50	59	56	53	64	61	73
1862	738	69	72	69	71	57	53	50	36	51	52	55	55	40
1863	944	78	132	66	86	57	50	58	65	53	67	47	65	78
1864	922	82	126	88	102	57	100	55	46	46	46	49	54	56
1865	722	60	63	41	53	43	53	36	48	43	54	57	68	63
1866	1,068	88	64	48	42	36	51	32	66	126	226	80	96	75
TOTAUX	......	......	853	663	642	503	554	520	517	652	783	577	684	654

La moyenne des décès par année est de 768. Les années au-dessous de cette moyenne sont : 1858, 1862, 1865.

Les mois dans lesquels la mortalité a excédé le chiffre de 63, qui est la moyenne mensuelle, sont : janvier, septembre, novem. décem. février.

Ceux dans lesquels la mortalité est restée au-dessous de la moyenne sont : août, mars, octobre, mai, juin, juillet, avril,

Les épidémies cholériques ont eu lieu en août, septembre, janvier, novembre, février, mars.

Les mois qui paraissent indemnes de fléau sont les plus chauds de l'année : avril, mai, juin, juillet.

District de Villenour. — Mortalité par mois.

ANNÉES.	DÉCÈS.	MOYENNE mensuelle.	JANVIER.	FÉVRIER.	MARS.	AVRIL.	MAI.	JUIN.	JUILLET.	AOUT.	SEPTEMBRE.	OCTOBRE.	NOVEMBRE.	DÉCEMBRE.
1857	324	77	68	82	72	46	42	61	162	128	59	85	40	70
1858	718	59	100	43	57	61	57	57	73	45	62	46	53	80
1859	727	60	144	67	56	58	53	63	44	41	45	66	45	64
1860	875	72	103	68	77	72	47	55	52	58	76	88	78	53
1861	727	60	88	75	39	35	61	54	42	41	75	81	74	68
1862	694	57	75	56	69	70	55	47	66	40	43	48	61	65
1863	867	78	116	59	65	75	60	60	55	42	69	61	68	136
1864	959	79	134	131	94	87	79	50	56	42	43	59	55	67
1865	593	49	57	66	45	43	47	55	30	44	37	57	52	59
1866	842	70	60	41	62	41	28	59	158	67	182	95	63	68
TOTAUX	8,126	.....	945	688	636	588	529	561	738	548	691	680	599	728

La moyenne annuelle est de 816. Les années qui ont été au-dessous de cette moyenne sont: 1858, 1859, 1861, 1862 1863, 1865.
La plus grande mortalité se présente dans les mois de janvier, juillet, décembre, septembre, février, octobre.
La mortalité la moins grande se présente dans les mois de mars, novembre, avril, juin, août, mai.
Les épidémies cholériques ont eu lieu dans les mois de janvier, septembre, décembre, février, juillet, août,

District de Bahour.

ANNÉES.	DÉCÈS.	MOYENNE mensuelle.	JANVIER.	FÉVRIER.	MARS.	AVRIL.	MAI.	JUIN.	JUILLET.	AOUT.	SEPTEMBRE.	OCTOBRE.	NOVEMBRE.	DÉCEMBRE.
1857	525	43	44	41	51	37	23	33	35	74	40	45	39	49
1858	478	39	65	32	60	29	50	43	29	29	40	28	36	43
1859	797	66	278	111	39	44	48	44	26	42	39	32	40	41
1860	562	47	64	54	44	38	47	36	43	52	40	61	44	42
1861	448	37	81	20	35	24	34	35	19	36	26	39	46	53
1862	437	37	67	31	49	43	25	26	37	21	45	22	21	54
1863	595	49	111	74	45	29	33	15	25	25	34	53	53	98
1864	613	51	64	82	74	61	33	30	45	39	36	36	46	46
1865	487	40	75	39	57	32	29	38	36	41	19	43	41	44
1866	696	58	38	24	31	30	34	24	49	68	85	91	54	161
TOTAUX	......	.....	887	508	485	367	356	324	344	427	404	450	420	631

La moyenne annuelle est de 562. Les années au-dessous de la moyenne sont : 1857, 1858, 1861, 1862, 1865; 1860 est égal à la moyenne.

Les mois dans lesquels la mortalité est la plus élevée sont : janvier, décembre, février, mars, octobre, août, septembre.

Les mois dans lesquels la mortatité est la moindre sont : novembre, avril, mai, juin, juillet.

Les épidémies cholériques ont eu lieu en janvier, décembre, février. Il ressort de l'ensemble de ces tableaux que les mois les plus salubres pour les Indiens sont les mois les plus chauds. Le choléra n'a jamais éclaté dans le courant d'avril.

Karikal.—Décès par mois.

ANNÉES.	JANVIER.	FÉVRIER.	MARS.	AVRIL.	MAI.	JUIN.	JUILLET.	AOUT.	SEPTEMBRE.	OCTOBRE.	NOVEMBRE.	DÉCEMBRE.
1856	107	71	46	36	76	46	49	53	51	57	51	76
1857	76	52	42	69	32	45	55	58	75	54	62	98
1858	100	53	35	43	49	35	32	50	29	148	95	85
1859	156	70	62	27	56	56	53	56	60	78	105	71
1860	83	49	57	47	59	73	48	45	64	47	38	50
1861	155	38	35	41	38	33	49	107	113	53	43	55
1862	55	53	69	56	58	40	44	54	36	52	46	118
1863	149	80	49	32	41	46	39	41	58	38	59	75
1864	201	105	38	53	54	43	45	39	37	50	38	50
1865	63	46	33	44	47	48	50	62	82	99	49	99
1866	70	50	48	42	56	106	85	38	70	79	67	76
TOTAUX	1,215	667	513	490	566	571	549	603	675	755	653	853

Les mois de l'année qui fournissent le plus grand nombre de décès sont janvier, décembre, octobre, septembre, février et novembre ; ceux durant lesquels soufflent les vents de N.-E. Le mois qui fournit le moins de décès est celui d'avril.

Grande Aldée. — Décès par mois.

ANNÉES.	JANVIER.	FÉVRIER.	MARS.	AVRIL.	MAI.	JUIN.	JUILLET.	AOUT.	SEPTEMBRE.	OCTOBRE.	NOVEMBRE.	DÉCEMBRE.
1856	10	51	39	54	33	35	43	50	51	52	66	34
1857	56	44	52	52	62	100	76	44	41	34	45	51
1858	66	106	68	140	117	49	57	46	50	48	57	78
1859	88	79	64	55	48	59	58	74	61	84	82	69
1860	80	55	47	47	131	100	68	61	62	66	50	46
1861	164	50	31	42	45	37	60	34	64	78	55	58
1862	60	42	40	40	64	43	58	50	49	49	61	77
1863	142	65	45	61	42	48	45	50	66	64	64	85
1864	226	179	141	44	46	55	42	51	47	66	50	46
1865	79	55	56	45	55	53	49	47	82	62	57	51
1866	62	46	50	105	116	174	62	53	58	55	65	58
TOTAUX	1,033	772	633	685	759	753	618	560	631	658	652	653

Les mois qui ont fourni le plus grand nombre de décès sont janvier, février, mai, juin, avril, octobre et décembre, mois durant lesquels règne la mousson de N.-E. ou durant lesquels ont lieu les inondations du Çavéry.

Nédouncadou.— Décès par mois.

ANNÉES.	JANVIER.	FÉVRIER.	MARS.	AVRIL.	MAI.	JUIN.	JUILLET.	AOUT.	SEPTEMBRE.	OCTOBRE.	NOVEMBRE.	DÉCEMBRE.
1856	8	23	25	17	37	32	42	38	31	43	30	37
1857	23	22	43	36	27	35	83	29	37	54	27	31
1858	49	18	21	29	38	31	35	36	29	29	37	59
1859	87	64	19	46	22	22	40	43	32	55	57	37
1860	28	20	19	26	35	46	28	31	23	24	29	37
1861	40	43	26	27	30	28	35	31	46	45	40	37
1862	23	25	39	29	26	13	31	31	42	30	67	107
1863	76	42	36	28	18	19	38	35	38	40	64	66
1864	64	72	42	23	29	41	28	30	21	32	25	41
1865	46	30	29	38	27	35	36	33	38	47	58	31
1866	46	41	52	21	33	112	31	33	31	28	38	60
TOTAUX	490	400	351	320	3 22	414	427	370	368	407	472	543

Les mois qui fournissent le plus grand nombre de décès sont décembre, janvier, novembre, juin, juillet, octobre, février.

En récapitulant la repartition des mortalités par mois pour tout l'Établissement, on trouve le classement suivant des mois par nombre de décès: janvier, décembre, mars, février octobre, novembre, juin, septembre, mai, juillet, août, avril.

www.ingramcontent.com/pod-product-compliance
Ingram Content Group UK Ltd.
Pitfield, Milton Keynes, MK11 3LW, UK
UKHW020421220726
13923UKWH00005B/2090

9 782019 282691